APERÇU

STATISTIQUE ET NOSOGRAPHIQUE

DE L'ASILE DES ALIÉNÉS

de Bordeaux,

EN ONZE TABLEAUX

SUIVIS DE QUELQUES EXTRAITS D'OBSERVATIONS CLINIQUES ET D'AUTOPSIES;

Par le docteur **E.-B. REVOLAT** père,

médecin consultant et ancien médecin en chef de cet établissement,

Chevalier de l'ordre royal de la légion d'honneur, ancien médecin principal aux armées, membre associé ou correspondant de diverses Académies des sciences, et Sociétés de médecine nationales et étrangères.

Ætas cana quidem, sed non inidonea bella.

BORDEAUX,

CHEZ CHARLES LAWALLE, LIBRAIRE,

allées de Tourny, n° 52.

1846

APERÇU

STATISTIQUE ET NOSOGRAPHIQUE

DE L'ASILE DES ALIÉNÉS

DE BORDEAUX

(département de la Gironde)

EN ONZE TABLEAUX

suivis de quelques extraits d'observations cliniques et d'autopsies;

PAR LE DOCTEUR E.-B. REVOLAT PÈRE,

médecin consultant et ancien médecin en chef de cet établissement,

Chevalier de l'ordre royal de la légion d'honneur, ancien médecin principal aux armées, membre associé ou correspondant de diverses Académies des sciences, et sociétés de médecine, nationales et étrangères.

Ætas cana quidem, sed non inidonea bello.

BORDEAUX

CHEZ CHARLES LAWALLE, LIBRAIRE,

allées de Tourny, n° 52.

1846

Bordeaux. — *HENRY FAYE, imprimeur, rue Sainte-Catherine, 159.*

INDEX

OBSERVATIONS.

A MESSIEURS LES MÉDECINS DES ASILES D'ALIÉNÉS

MESSIEURS ET TRÈS-HONORÉS CONFRÈRES,

Si les agréments et les plaisirs que l'homme est à même de goûter durant le cours de son existence semblent appartenir plus particulièrement aux trois premiers âges de sa vie, il en est certains encore qui peuvent lui sourire dans sa vieillesse. Il n'est point, en effet, de jouissances plus douces et plus consolantes pour un octogénaire, que celles qu'il éprouve lorsque, retenu par les infirmités de l'âge, au terme d'une longue carrière constamment active et laborieuse, il peut encore correspondre avec ses confrères et utiliser ses vieux ans dans le silence du cabinet, soit par ses relations, soit par le rapprochement de ses souvenirs et la revue de ses anciens travaux. Où pourrait-il trouver un délassement plus agréable et plus utile, ainsi qu'une diversion plus salutaire des dernières peines et sollicitudes de la vie?

Lorsque, quelques mois avant la sanction et la promulgation de la loi relative aux aliénés, en 1838, je me hasardai à la publication de quelques extraits de tableaux statistiques et de quelques considérations sur l'asile des aliénés de Bordeaux, je le dus à la sollicitation de plusieurs de mes honorables confrères, persuadés que de semblables et mutuelles communications, par leur objet et leur exactitude, ne pouvaient qu'être accueillies avec intérêt et dans un but d'utilité publique.

J'avais eu déjà la pensée d'entreprendre une statistique nosographique de cet ancien établissement, qui devenait chaque jour plus important. Je m'occupais à en recueillir les matériaux, lorsque, après vingt-quatre ans de service sans interruption, mon remplacement dans les fonctions médicales, aussi étrange que décourageant, paralysa spontanément mes bonnes intentions, suspendit mes investigations, et me fit ajourner indéfiniment un travail qui, pour lors, eût pu offrir à mes confrères beaucoup plus d'intérêt qu'il ne saurait le faire aujourd'hui.

Depuis le 1er septembre 1842, je n'ai conservé aucun rapport direct avec les aliénés de cet asile, pour qui, intimement dévoué à l'amélioration de leur sort, je n'avais jamais redouté la fatigue, ni reculé devant aucun sacrifice. J'étais, il est vrai, amplement dédommagé par les témoignages constants de respect, d'attachement et de reconnaissance que j'en recevais et dont je ne perdrai jamais le souvenir. Le temps ne saurait éteindre les sentiments innés de gratitude, de bienveillance et d'humanité, et je m'estime heureux de pouvoir aujourd'hui, en revenant à mon premier projet, consacrer quelques loisirs à un travail qui les concerne [1]. Le moment n'est plus aussi opportun pour l'élaborer et lui donner le degré d'utilité que, plutôt, j'aurais pu m'en promettre; aussi, dois-je me borner à un simple aperçu.

En le dédiant à des confrères de la même spécialité, j'ose espérer qu'ils seront assez indulgents pour en agréer l'hommage, et qu'ils me sauront quelque gré de cet essai tardif et de ma bonne volonté.

Si desint vires, tamen laudanda voluntas.

REVOLAT père,
D. M.-M.

---

[1] Trahit sua quemque voluptas.

AVANT-PROPOS

En rédigeant cet aperçu statistique et nosographique de l'asile des aliénés de Bordeaux, je n'ai point cru nécessaire de le faire précéder des notions historiques que j'avais publiées, en 1838, sur l'origine, les réformes successives, la destination ultérieure et définitive, ainsi que sur les améliorations progressives de cet établissement. Mon but, à cette époque, était de démontrer la nécessité de l'améliorer encore sous bien des rapports, malgré les changements opérés depuis le commencement du siècle, et les avantages qu'on en avait obtenus.

A la veille d'une législation nouvelle qui devait être établie sur des principes réguliers et stables, après avoir été mûrie par des hommes d'un profond savoir et versés dans les connaissances administratives, je fondais alors mes vœux et mes espérances sur un prochain avenir, avec l'intime persuasion que cet asile pourrait bientôt correspondre en tous points aux connaissances médicales, depuis longtemps acquises relativement au régime sanitaire des aliénés, et soutenir le parallèle avec les hôpitaux des plus grandes villes.

J'insistais plus particulièrement alors sur l'urgence de donner à cet asile beaucoup plus d'étendue de terrain qu'il n'en occupait. C'est par là qu'il pèche encore aujourd'hui; et je suis convaincu que, si on ne cherche pas à l'agrandir par de nouvelles acquisitions, telles que celle indiquée dans mon opuscule, il sera toujours difficile d'y établir les divisions et subdivisions de quartiers et bâtiments, qui sont indispensables pour la salubrité et le traitement des aliénés [1]. On a, en quelque sorte, tenté de remédier à l'inconvénient de l'exiguité du sol, en séparant les deux sexes, pour traiter les femmes seules à Bordeaux et les hommes à Cadillac. D'après cette mesure toutefois, les femmes réunies à Bordeaux s'y trouvent déjà beaucoup plus nombreuses que ne l'étaient précédemment et simultanément les deux sexes réunis [2].

---

[1] C'est par le défaut de subdivisions suffisantes, contre lequel j'ai si longtemps et vainement réclamé, qu'on voyait à Bordeaux des aliénés en traitement, tranquilles, convalescents, furieux et épileptiques, réunis dans un même quartier.

[2] On peut s'en convaincre par l'état actuel de la population. Depuis cette époque, il s'est formé à Castel-d'Andorte, près Bordeaux, un établissement particulier pour les aliénés des classes aisées, dirigé par M. le docteur Desmaisons, ancien élève spécial du savant Esquirol.

On a fait, depuis 1842, quelques autres changements pour l'embellissement et certaines commodités à l'intérieur; mais, quant à la localité, elle n'en est pas devenue plus vaste. Il serait inutile d'en présenter ici un aperçu topographique [1], puisqu'on doit incessamment aviser aux moyens de l'agrandir, dans la vue de donner plus d'étendue aux cours, aux jardins, aux allées de promenade et d'établir un quartier bien nécessaire pour les aliénées convalescentes. Quelques constructions nouvelles et bien entendues rendront pour lors cet établissement parfaitement salubre et approprié à sa destination spéciale.

REVOLAT père,
D. M-M.

---

[1] L'asile, longeant la grande rue Saint-Jean, est situé sur un sol légèrement incliné, au sud-est de la ville, distant de la Garonne de 5 à 600 mètres; il en est séparé par des maisons et des rues; des aqueducs, à réparer depuis longtemps, hors du jardin, dirigent les eaux pluviales et ménagères dans un conduit qui, aboutissant aux fossés de ville et recevant les eaux du faubourg, se rend à la rivière.

PREMIER TABLEAU. — *Population progressive de l'asile des aliénés de Bordeaux, pendant trente-deux ans, divisés en trois périodes* [a].

ANNÉES.	ALIÉNÉS restants le 1 janv.	ENTRÉS dans l'année.	TRAITÉS dans l'année.	SORTIS dans l'année.	DÉCÉDÉS dans l'année.	RESTANTS le 31 décembre.
Première période de 8 ans, sans distinction de sexes.						
1811	66	20	86	5	8	73
1812	73	21	94	7	8	79
1813	79	34	113	14	8	91
1814	91	29	120	10	6	104
1815	104	34	138	20	22	96
1816	96	24	120	11	8	101
1817	101	28	129	10	11	108
1818	108	19	127	8	7	112
Seconde période de 14 ans, sans distinction de sexes.						
1819	112	17	129	6	6	117
1820	117	20	137	9	11	117
1821	117	28	145	15	10	120
1822	120	10	130	9	11	110
1823	110	17	127	9	4	114
1824	114	22	136	7	5	124
1825	124	33	157	13	12	132
1826	132	36	168	12	7	149
1827	149	22	171	11	15	145
1828	145	30	175	10	17	148
1829	148	23	171	9	11	151
1830	151	35	186	13	13	160
1831	160	21	181	10	10	161
1832	161	18	179	5	13	161
Troisième période de 10 ans, avec distinction des sexes.						
1833 { hommes	69	10	79	2	6	71
1833 { femmes	92	11	103	4	5	94
1834 { hommes	71	8	79	2	2	75
1834 { femmes	94	12	106	4	8	94
1835 { hommes	75	10	85	6	7	72
1835 { femmes	94	9	103	6	3	94
1836 { hommes	72	9	81	3	6	72
1836 { femmes	94	6	100	6	8	86
1837 { hommes	72	14	86	6	6	74
1837 { femmes	86	15	101	3	7	91
1838 { hommes	74	18	92	6	7	79
1838 { femmes	91	13	104	2	9	93
1839 { hommes	79	11	90	6	9	75
1839 { femmes	93	14	107	8	3	96
1840 { hommes	75	32	107	11	13	83
1840 { femmes	96	23	119	6	4	109
1841 { hommes	83	29	112	17	19	76
1841 { femmes	109	30	139	21	8	110
1842 { hommes	76	30	106	10	9	87
1842 { femmes	110	30	140	16	10	114

1er SEPTEMBRE 1842.
Aliénés restants. { Hommes .... 87 } 204
{ Femmes .... 114 }

MOUVEMENT DISTINCT DE LA POPULATION pendant chaque période.

Première période, 8 ans [1].

ALIÉNÉS présents le premier janvier.	ENTRÉS en 8 ans.	TRAITÉS en 8 ans.	SORTIS en 8 ans.	DÉCÉDÉS en 8 ans.	RESTANTS le 31 décembre.
66	209		87	76	112
275		275		275	

Deuxième période, 14 ans [2].

PRÉSENTS le premier janvier.	ENTRÉS en 14 ans.	TRAITÉS en 14 ans.	SORTIS en 14 ans.	DÉCÉDÉS en 14 ans.	RESTANTS le 31 décembre.
112	332		127	156	161
444		444		444	

Troisième période, 10 ans [3].

PRÉSENTS le premier janvier.	ENTRÉS en 10 ans.	TRAITÉS en 10 ans.	SORTIS en 10 ans.	DÉCÉDÉS en 10 ans.	RESTANTS le 31 décembre.
161	334		144	150	201
495		495		495	

[1] N'étant point chargé du service médical de l'asile des aliénés, avant 1818, je n'ai pu me procurer que des documents numériques relativement à cette première période de huit ans.

[2] Pendant la seconde période de quatorze ans, il m'a été encore impossible d'avoir des renseignements positifs sur l'origine, l'âge, la position sociale, la profession des aliénés, ainsi que sur les causes et la date d'invasion de leurs maladies mentales. J'ai pu, néanmoins, ajouter aux documents numériques un tableau nécrologique et nosographique. (Voyez page 21, 10e Tableau.)

[3] Pendant la troisième et dernière période de dix ans, objet spécial de ce travail statistique et nosographique, j'ai été à même de recueillir des renseignements sur les lieux de naissance ou dernier domicile des aliénés (2e *Tableau,* page 11); sur leur position sociale et leurs professions (3e *et* 4e *Tableaux,* page 13); sur l'âge des aliénés et sur la durée de leur séjour (5e *et* 6e *Tableaux, page* 15); sur le caractère, les causes et les complications de la folie (7e *et* 8e *Tableaux, page* 17); sur l'âge, la durée du séjour, les maladies mentales et physiques des aliénés décédés pendant la troisième période (9e *Tableau, page* 19).

Dans le 11e *Tableau, page* 21, j'indique la population de l'asile, l'âge, le sexe, la position sociale, et la durée du séjour des aliénés, au 1er septembre 1842, jour de mon remplacement dans les fonctions médicales.

(a) A défaut de notions exactes relatives à la population de l'asile de Cadillac, je n'ai pu, à mon grand regret, constater le nombre total des aliénés admis pendant cette longue série d'années (depuis 1810) dans les deux asiles du département de la Gironde.

2ᵉ Tableau. **Statistique particulière des dix dernières années, 1833 et 1842.**

LIEUX DE NAISSANCE OU DERNIER DOMICILE DES ALIÉNÉS DES DEUX SEXES TRAITÉS DANS LES DIX ANS.				
DÉPARTEMENTS FRANÇAIS.	HOMMES.	FEMMES.	TOTAUX.	RÉSUMÉ COMPARATIF.
Gironde............................	148	185	333	**NOMBRE DES ALIÉNÉS.**
Dordogne.........................	8	6	14	
Hautes-Pyrénées...............	2	2	4	Hommes..... 240
Basses-Pyrénées...............	9	7	16	Femmes.................................. 255
Landes.............................	4	4	8	
Haute-Garonne..................	4	6	10	495
Lot-et-Garonne..	9	4	13	
Seine...............................	1	4	5	Les deux tiers de cette population provenaient du
Seine-Inférieure...............	»	1	1	département de la Gironde; un tiers des autres dépar-
Seine-et-Marne..................	2	1	3	tements ou des pays étrangers.
Seine-et-Oise....................	1	1	2	Des 240 hommes, les six dixièmes provenaient du
Haute-Loire......................	3	2	5	département de la Gironde;
Loire-Inférieure................	2	1	3	Les quatre dixièmes environ des autres départements
Bouches-du-Rhône.............	1	2	3	ou des pays étrangers.
Var et Gard......................	2	2	4	Des 255 femmes, les sept dixièmes provenaient du
Ille-et-Vilaine.............,......	3	»	3	département de la Gironde;
La Vienne.........................	1	»	1	Les trois dixièmes, des autres départements ou des
Maine-et-Loire..................	5	»	5	pays étrangers.
Charente, Char.-Inférieure...	5	4	9	Le département de la Gironde a fourni plus d'un
La Meurthe.......................	1	2	3	sixième *en plus* de femmes............ 185
Morbihan..	3	4	7	que d'hommes........................... 148
La Corrèze........................	4	»	4	
L'Orme............................	1	1	2	333
Du Cantal.........................	1	»	1	Les autres départements ont fourni un sixième *en*
Du Nord..........................	1	1	2	*plus* d'hommes......................... 73
				que de femmes.......................... 55
PAYS ÉTRANGERS.				
				128
Martinique.......................	3	1	4	Les pays étrangers ont fourni un septième *en plus*
Guadeloupe......................	1	2	3	d'hommes......................... 49
Ile Maurice......................	»	2	2	que de femmes.................... 15
Cap Français....................	»	2	2	
Belgique..........................	»	1	1	34
Russie.............................	1	»	1	
Suède..............................	1	»	1	RÉSUMÉ.— POPULATION DE L'ASILE.
Hollande.........................	1	»	1	Provenant du département de la Gironde............ 333
Portugal..........................	1	»	1	— des autres départements................. 128
Espagne...........................	8	3	11	— des pays étrangers...................... 34*
Pologne...........................	4	»	4	
Suisse	2	1	3	495
Allemagne........................	»	3	3	
				* C'est parmi les aliénés fournis par les départements et
RÉSUMÉ................	240	255	495	pays étrangers à la Gironde, que se trouvent plus particu-
				lièrement les vagabonds, dont la condition sociale et la pro-
495				fession sont inconnues.

3ᶜ Tableau. **Position sociale des 495 aliénés traités dans les dix ans.**

SEXE.	MARIAGE.	VEUVAGE.	CÉLIBAT.	*TOTAUX.*
Hommes...........................	83	15	142	240
Femmes...........................	77	49	129	255
Résumé...............	160	64	271 *	495
		495		

Observation. — Les femmes ont été constamment plus nombreuses que les hommes ;
Les hommes et femmes mariés en nombre à peu près égal ;
Le veuvage en nombre triple chez les femmes ;
Le célibat, un dixième *en plus* chez les hommes.

* C'est dans la catégorie des célibataires, qui est la plus considérable, que se trouvent les idiots, imbécilles et aliénés vagabonds, sur lesquels on n'a pu obtenir aucun renseignement.

4ᶜ Tableau. **Professions des aliénés.**

PROFESSIONS LIBÉRALES.	HOMMES.	FEMMES.	TOTAUX.	RÉSUMÉ COMPARATIF.
				NOMBRE DES ALIÉNÉS.
Culte, droit, médecine, belles-lettres, étudiants............................	30	2	32	Hommes........................ 240
Propriétaires, rentiers....................	12	14	26	Femmes........................ 255
Artistes, musiciens, comédiens................	6	»	6	495
Militaires, marins, douaniers....................	27	»	27	401 exerçaient des professions, et 94 n'a-
Négociants en gros, courtiers..................	17	2	19	vaient pas de professions connues.
Marchands au détail, colporteurs..............	12	16	28	Des 401, les deux tiers environ exerçaient
PROFESSIONS MÉCANIQUES.				des professions mécaniques............... 263
Charpentier, menuisier, ébéniste, tonnelier...	15	»	15	et un tiers, des professions libérales..... 138
Serrurier, forgeron, maréchal.............	10	»	10	401
Sur or et argent......................	3	»	3	Professions libérales plus nombreuses chez
Sur d'autres métaux....................	5	»	5	les hommes.................... 104
Maçon, plâtrier, tailleur de pierre, peintre....	13	»	13	que chez les femmes.................... 34
Filatures, tissus.........................	3	3	6	138
Teinturiers............................	2	2	4	
Restaurateur, cuisinier, comestibles, boissons.	6	18	24	Professions mécaniques (gens de peine)
Tailleur, cordonnier, chapelier, marchands de modes............................	14	61	75	plus nombreuses chez les femmes....... 147
Tannerie, peaux, cuirs...............	5	3	8	que chez les hommes.................... 116
GENS DE PEINE.				263
Travaux aratoires....................	9	2	11	à raison du nombre très-considérable de femmes : domestiques, ouvrières, couturières,
Jardinier, vigneron....................	6	4	10	tailleuses, brodeuses, modistes, chaussetiè-
Domestiques........................	8	32	40	res et marchandes de comestibles.
Savonneuses, blanchisseuses, détacheurs.....	1	17	18	Dans la catégorie des 20 hommes et 74 fem-
Cochers, charretiers, bouviers, bergers.......	6	»	6	mes sans professions connues sont compris :
Portefaix, portannières, fossoyeurs............	10	5	15	1° Les enfants au-dessous de 12 à 15 ans ;
Sans profession ou profession inconnue....	20	74	94	2° Les idiots, imbécilles de naissance ou d'enfance ;
				3° La plupart des épileptiques ;
Résumé........	240	255	495	4° La plupart des vagabonds des deux sexes ;
		495		5° Quelques femmes mariées, qui ne se sont jamais occupées que des soins du ménage.

5ᵉ TABLEAU. **Age des aliénés à l'entrée.**

AGE.	HOMMES.	FEMMES.	TOTAUX.
De 8 à 16 ans...............	8	4	12
De 16 à 20...................	12	11	23
De 20 à 22...................	13	9	22
De 22 à 24...................	13	12	25
A 25 ans.....................	4	7	11
De 26 et 27..................	15	7	22
De 28 et 29..................	11	8	19
A 30 ans.....................	9	6	15
De 31 et 32..................	12	11	23
De 33 et 34..................	20	11	31
A 35 ans.....................	8	9	17
De 36 et 37..................	14	13	27
De 38 et 39..................	13	13	26
A 40 ans.....................	6	10	16
De 41 et 42..................	19	12	31
De 43 et 44..................	4	15	19
A 45 ans.....................	7	11	18
De 46 et 47..................	8	11	19
De 48 et 49..................	10	10	20
A 50 ans.....................	4	7	11
De 51 et 52..................	5	10	15
De 53 et 54..................	4	6	10
A 55 ans.....................	»	2	2
De 56 et 57..................	4	7	11
De 58, 59 et 60 ans......	5	9	14
De 61, 62 et 63............	»	9	9
De 64 et 65..................	2	4	6
De 66 et 67..................	2	3	5
De 68 et 69..................	2	1	3
De 70 ans....................	1	1	2
De 71, 72, 73, 74 et 75...	1	3	4
De 75 à 80...................	3	2	5
De 81 à 85..................	1	1	2
	240	**255**	**495**
		495	

RÉSUMÉ.

	HOMMES	FEMMES	TOTAUX
De 8 à 16 ans...............	8	4	12
De 16 à 20...................	12	11	23
De 20 à 25...................	30	28	58
De 25 à 30...................	35	21	56
De 30 à 35...................	40	31	71
De 35 à 40...................	33	36	69
De 40 à 45...................	30	38	68
De 45 à 50...................	22	28	50
De 50 à 55...................	9	18	27
De 55 à 60...................	9	16	25
De 60 à 65...................	2	13	15
De 65 à 70...................	5	5	10
De 70 à 80 et au-dessus*.	5	6	11
	240	**255**	**495**

	HOMMES.	FEMMES.	TOTAUX.
Jusques à 30, et de 30 à 40 ans, plus d'hommes que de femmes..........	158	131	289
De 40 à 65, plus de femmes que d'hommes.....	82	124	206

* L'expérience constate qu'il est des aliénés qui parcourent une fort longue carrière. *Voyez le résumé ci-dessus*, de 70 à 80 ans et au-dessus. *Voyez aussi le tableau suivant*, de 20 à 30, et 36 ans de séjour dans l'asile.

6ᵉ TABLEAU. **Durée du séjour des aliénés.**

DURÉE DU SÉJOUR.	HOMMES.	FEMMES.	TOTAUX.
Moins d'un an...............	102	95	197
De un à deux...............	25	20	45
De 2 à 3.....................	10	18	28
De 3 à 4.....................	4	16	20
De 4 à 5 ans................	6	8	14
De 5 à 6.....................	6	3	9
De 6 à 7.....................	4	2	6
De 7 à 8.....................	8	7	15
De 8 à 9.....................	6	6	12
De 9 à 10 ans...............	6	12	18
De 10 à 11..................	2	6	8
De 11 à 12..................	5	4	9
De 12 à 13..................	3	7	10
De 13 à 14..................	4	8	12
De 14 à 15 ans.............	2	3	5
De 15 à 16..................	2	4	6
De 16 à 17..................	6	4	10
De 17 à 18..................	4	5	9
De 18 à 19..................	3	4	7
De 19 à 20 ans.............	2	2	4
De 20 à 21..................	3	1	4
De 21 à 22..................	4	3	7
De 22 à 23..................	1	2	3
De 23 à 24..................	2	»	2
De 24 à 25 ans.............	»	2	2
De 25 à 26..................	3	2	5
De 26 à 27..................	2	2	4
De 27 à 28..................	2	2	4
De 28 à 29..................	4	3	7
De 29 à 30 ans.............	2	»	2
De 30 à 31..................	2	»	2
De 32 à 33..................	2	2	4
De 33, 34 et 35 ans........	2	1	3
De 37 et 38 ans...........	1	1	2
	240	**255**	**495**
		495	

RÉSUMÉ.

	HOMMES	FEMMES	TOTAUX
Moins de 2 ans de séjour.	127	115	242
De 2 à 5.....................	20	42	62
De 5 à 10 ans...............	30	30	60
De 10 à 15..................	16	28	44
De 15 à 20..................	17	19	36
De 20 à 25..................	10	9	19
De 25 à 30 ans.............	13	9	22
De 30 à 35..................	6	2	8
Au-dessus de 35 ans.....	1	1	2
	240	**255**	**495**

OBSERVATION.

La loi de 1838, en mettant un terme aux formalités et retards qu'on apportait précédemment aux admissions, a augmenté la population en 1840, 1841 et 1842.

J'en avais précédemment et maintes fois signalé les graves inconvénients, tels que :

1° Mouvement annuel de la population, très-borné ;

2° Rareté des admissions possibles, la plupart sollicitées depuis plusieurs mois et plusieurs années ;

3° Rareté des aliénations mentales récentes qui sont plus susceptibles de guérison ;

4° Aliénés incurables beaucoup plus nombreux ;

5° Prolongation du séjour des aliénés ;

6° Plus grande mortalité.

7º TABLEAU. **Caractère, causes de la folie.**

MALADIES MENTALES.	HOMMES.	FEMMES.	TOTAL.
Idiotie, imbécillité de naissance, d'enfance....................	15	14	29
Manie, lypémanie, monomanie, mélancolie, chroniques et dégénérées en démence......................	47	28	75
Démence sénile......................	2	8	10
Aliénation chronique, permanente......	107	87	194
Aliénation éphémère, de courte durée..	19	13	32
Monomanies, hallucinations continues.	16	14	30
Manie religieuse......................	3	16	19
Manie avec penchant au suicide........	10	37	47
Nymphomanie, érotomanie.............	»	8	8
Aliénation intermittente, périodique...	18	26	44
Manie violente, fureur.................	3	4	7
	240	255	495
CAUSES PHYSIQUES.			
Effet de l'âge........................	3	10	13
Idiotie de naissance, d'enfance........	14	13	27
Irritabilité excessive originaire........	3	12	15
Epilepsie d'enfance, subséquente......	8	6	14
Onanisme...........................	10	1	11
Excès d'études......................	6	»	6
Maladies cutanées...................	4	3	7
Coups, chutes, blessures..............	20	5	25
Insolation prolongée.................	4	1	5
Syphilis, abus des mercuriaux..........	6	»	6
Débauche, libertinage, vagabondage...	16	13	29
Abus de boissons spiritueuses.........	27	5	32
Misère, dénuement..................	2	5	7
Maladies organiques du cœur.........	1	2	3
	124	76	200
CAUSES MORALES.			
Jalousie.............................	3	13	16
Orgueil, vanité......................	3	4	7
Ambition, avarice...................	8	7	15
Amour déçu.........................	2	14	16
Vocation contrariée..................	»	4	4
Religion mal entendue................	1	6	7
Peines morales, domestiques..........	11	28	39
Caractère d'enfance mélancolique......	6	5	11
Terreur subite......................	3	5	8
Accès de colère......................	7	5	12
Mauvais traitements.................	1	3	4
Evénements politiques...............	9	5	14
Revers de fortune...................	9	8	17
Dispositions héréditaires *...........	16	26	42
RÉSUMÉ.			
Causes physiques (plus nombreuses chez les hommes).....................	124	76	200
Causes morales (plus nombreuses chez les femmes).......................	79	133	212
Causes inconnues (plus nombreuses chez les femmes).......................	37	46	83
	240	255	495

* Les documents que j'ai recueillis sur l'origine de la folie m'ont convaincu que l'hérédité en est une des causes prédisposantes les plus fréquentes; dans ce cas, les rechutes sont aussi plus fréquentes.

8º TABLEAU. **Complications de la folie.**

MALADIES PHYSIQUES.	HOMMES.	FEMMES.	TOTAL.
Épilepsie............................	16	15	31
Vers, convulsions d'enfance...........	2	3	5
Tremblement, dispositions paralytiques.	13	9	22
Hémiplégie, paralysie..	4	3	7
Accidents apoplectiques avant l'entrée.	8	2	10
Congestion cérébrale graduelle..........	12	3	15
Apoplexie, mort subite.................	18	5	23
Rhumatisme articulaire chronique......	3	1	4
Difformité, claudication, impotence....	3	5	8
Scrofules, engorgements glanduleux...	5	8	13
Vices psoriques, dartreux..............	2	4	6
Mutité et surdité simultanées...........	»	1	1
Mutité..............................	1	»	1
Surdité.............................	2	4	6
Cécité..............................	1	»	1
Ophtalmie chronique..................	2	3	5
Catarrhe bronchique, pulmonaire, chronique..............................	6	10	16
Phthisie pulmonaire..................	3	8	11
Palpitations du cœur, hypertrophie, anévrisme..........................	3	5	8
Hernies.............................	5	1	6
Œdématie des membres inférieurs......	10	12	22
Anasarque, leucophlegmatie...........	8	10	18
Ascite..............................	2	3	5
Hydrothorax.........................	3	2	5
Tympanite..........................	1	1	2
Entérite, dyssenteries et diarrhées chroniques..............................	3	4	7
Diathèse scorbutique..................	8	6	14
Dégénérescence gangreneuse.....	10	12	22
Epuisement, décrépitude, marasme....	9	15	24
	163	155	318

OBSERVATION.

Dans ce tableau des complications de la folie, ne sont point comprises les maladies aiguës, accidentelles, éphémères, de courte durée, telles que :

Embarras gastrique, fièvres intermittentes, continues, typhoïdes (rares) ;

Fièvres éruptives, rougeole, miliaire, scarlatine assez rare (une seule variole chez un sujet non vacciné) ;

Angine, oreillons, coryza, rhumes, catarrhe bronchique, pleurésie, hémopthysie, péripneumonie : ces maladies, ainsi que les gastrites, entérites, diarrhées, dyssenteries, choléra benin, également assez rares et de courte durée ; de même aussi les érysipèles, zona, ictère, éruptions cutanées anomales ;

Hernies simples (une ancienne non réductible avec adhérences, qui a été opérée) ;

Des hémorragies nasales, dont deux subites ont été excessives et mortelles chez deux vieilles femmes.

3

9e Tableau.   ## Tableau nécrologique du 31 décembre 1832 au 1er septembre 1842.

NOMBRE D'ANNÉES.	ALIÉNÉS DÉCÉDÉS.		TOTAL.
	HOMMES.	FEMMES.	
40 ans.	84	66	150 *

AGE DES ALIÉNÉS A L'ÉPOQUE DU DÉCÈS.				DURÉE DU SÉJOUR DES ALIÉNÉS AVANT LE DÉCÈS.			
AGE.	HOMMES.	FEMMES.	TOTAUX.	DURÉE DU SÉJOUR.	HOMMES.	FEMMES.	TOTAUX.
Au-dessous de 20 ans............	1	2	3	Moins d'un an......................	34	14	48
De 20 à 25......................	4	»	4	De 1 à 2...........................	10	7	17
De 25 à 30......................	9	4	13	3 et 4.............................	7	5	12
De 30 à 34......................	5	1	6	5 et 6.............................	2	1	3
De 34 à 38......................	9	5	14	7 et 8.............................	1	8	9
39 et 40.........................	6	1	7	9 et 10 ans........................	5	8	13
41 et 42.........................	5	4	9	11 et 12..........................	4	4	8
43 et 44.........................	6	»	6	13 et 14..........................	2	3	5
45 et 46.........................	5	4	9	15 et 16..........................	1	1	2
47 et 48.........................	3	4	7	17 et 18..........................	1	4	5
49 et 50.........................	3	7	10	19 et 20 ans......................	2	1	3
51 et 52.........................	6	5	11	22 et 23..........................	3	1	4
53 et 54.........................	3	5	8	23 et 24..........................	1	2	3
De 55 à 60......................	5	9	14	25 et 26..........................	1	2	3
De 60 à 66......................	3	4	7	27 et 28..........................	2	1	3
De 66 à 70......................	6	2	8	29 et 30 ans......................	3	1	4
De 70 à 80......................	3	7	10	31................................	1	1	2
Au-dessus de 80 ans '..........	2	2	4	32................................	1	»	1
				33................................	1	1	2
	84	66	150	36 et 37..........................	1	1	2
				38 ans '..........................	1	»	1
					84	66	150
MALADIES MENTALES.				MALADIES PHYSIQUES.			
Idiotie, imbécillité d'enfance......	14	9	23	Épilepsie..........................	3	3	6
Etat maniaque permanent.........	10	18	28	Hémiplégie........................	2	1	3
Manie violente, frénétique.......	16	2	18	Dispositions paralytiques..........	3	1	4
Mélancolie, monomanie et halluci-	7	4	11	Tremblement des membres...,....	3	2	5
nations permanentes...........				Apoplexie graduelle...............	10	9	19
Manie chronique dégénérée en dé-	31	18	49	Apoplexie, mort subite............	16	3	19
mence............................				Hypertrophie du cœur, anévrisme.	1	1	2
Manie religieuse..................	2	2	4	Hémoptisie........................	»	2	2
Manie avec penchant au suicide...	3	10	13	Phthysie pulmonaire...............	4	10	14
Démence sénile...................	1	3	4	Œdème, état cachoctique..........	5	5	10
	84	66	150	Leucophlegmatie, anasarque, ascite	9	3	12
				Hydrothorax.......................	5	3	8
AGE DES DÉCÉDÉS.				Diathèse scorbutique..............	6	2	8
				Diathèse gangréneuse..............	2	2	4
' Avant 50 ans...................	56	32	88	Décrépitude, épuisement, marasme	6	12	18
De 50 à 60......................	14	19	33	Suicide, submersion, strangulation	1	1	2
De 60 à 80 et au-dessus.	14	15	29	Asthme, catarrhe suffoquant.......	2	1	3
				Sphacèle, nécrose.................	1	1	2
	84	66	150	Difformité du crâne, épilepsie, apo-	1	»	1
				plexie...........................			
DURÉE DU SÉJOUR.				Chute du rectum et du vagin, épui-	»	1	1
				sement..........................			
' De 8 à 20 ans...................	69	56	125	Entérite chronique, dyssenterie..	4	1	5
De 20 à 38 ans.................	15	10	25	Hémorragie nasale, deux vieilles	»	2	2
				femmes..........................			
	84	66	150		84	66	150

* Lorsque, ainsi que cela a eu lieu pendant mes vingt-quatre ans de service à l'asile de Bordeaux, on reçoit dans les mêmes quartiers toute sorte d'aliénés, et qu'à raison des admissions tardives la plupart n'y entrent que pour y terminer leur carrière, on doit nécessairement s'attendre à une grande mortalité. Il est impossible, en pareil cas, d'établir de justes proportions entre le nombre des guérisons et décès et la population.

10ᵉ Tableau. Nécrologie, complications de la folie des aliénés décédés durant la deuxième période de 14 ans *.

MALADIES, INFIRMITÉS.	1819	1820	1821	1822	1823	1824	1825	1826	1827	1828	1829	1830	1831	1832	Totaux
Fièvre ataxo-adynamique	»	»	»	»	»	»	1	»	»	1	»	1	»	»	3
Gastro-entérite	»	»	»	1	»	»	»	»	»	1	1	»	»	»	3
Dyssenterie et diarrhée chroniques.	1	»	»	1	»	1	»	1	1	1	»	»	»	1	7
Melœna	»	»	»	»	»	»	»	»	»	»	»	»	»	1	1
Vice dartreux universel	»	»	»	»	»	»	»	»	»	1	»	1	»	»	2
Maladies des voies urinaires, rétention.	»	1	»	1	»	»	»	1	»	»	»	»	»	»	3
Cécité	»	1	»	»	»	»	»	»	»	»	»	»	»	»	1
Difformité du crâne	»	»	»	»	»	»	»	»	1	»	1	»	»	»	2
Epilepsie	1	3	1	1	1	»	1	»	»	3	1	»	»	3	15
Congestion cérébrale, apoplexie	1	1	»	2	2	»	2	2	5	4	1	1	6	1	28
Paralysie, hémiplégie	1	2	1	1	»	1	»	»	2	1	»	2	2	2	15
Asthme, œdème des poumons	»	1	»	»	»	1	»	»	»	»	»	»	»	»	2
Phthysie pulmonaire	»	»	1	»	1	2	2	3	1	2	4	3	1	1	21
Dégénérescence scorbutique	1	»	»	»	»	2	»	1	»	»	»	»	1	1	6
Leucophlegmatie, ascite, hydrothorax	1	»	1	1	»	»	1	»	2	1	»	2	1	»	10
Squirre de l'estomac	»	»	»	»	»	»	»	»	»	1	»	1	»	»	2
Ulcères gangréneux	»	»	1	1	»	»	»	»	»	»	»	»	1	»	3
Gangrène sénile	»	»	»	»	»	»	»	»	1	»	»	»	»	»	1
Vieillesse décrépitude	»	»	»	1	»	»	1	»	1	1	1	»	1	1	7
Epuisement, marasme	»	1	1	1	1	»	1	»	4	3	2	1	3	3	24
	6	11	7	12	6	5	11	7	17	21	11	13	16	13	156

* Pendant ces 14 ans, la mortalité qui a eu lieu parmi les anciens aliénés a été le résultat d'affections chroniques des viscères thoraciques et abdominaux, décrépitude, marasme, gangrène sénile, hémorragie, congestion cérébrale, apoplexie et épilepsie. Du 1er janvier 1818 au 1er janvier 1838, les aliénés épileptiques ont été très-nombreux. Sur 214 décès, dans ces 20 ans, il y en a eu 17 d'épileptiques; il en restait encore 14 en 1838. Ces aliénés, d'ordinaire, ne parviennent pas à une longue vieillesse, et tendent graduellement à la démence incurable et à un état apoplectique.

11ᵉ Tableau. Population de l'asile, condition sociale, âge, durée du séjour des aliénés en traitement dans l'asile de Bordeaux, le 1er septembre 1842, jour de mon remplacement dans le service médical de l'établissement.

POPULATION.	CONDITIONS SOCIALES.	HOMMES.	FEMMES.	TOTAUX.
Hommes.......... 87	Mariage	21	26	47
Femmes.......... 114	Veuvage	4	24	28
	Célibat	62	64	126
201		87	114	201

AGE AU 1er SEPTEMBRE 1842.	HOMMES.	FEMMES	TOTAUX.	DURÉE DU SÉJOUR JUSQUES AU 1er SEPTEMBRE 1842.	HOMMES	FEMMES	TOTAUX.
Au-dessous de 20 ans	2	2	4	Un an et moins d'un an	27	36	63
De 20 à 25	6	6	12	2, 3 et 4 ans	12	21	33
De 25 à 30	6	8	14	5, 6, 7 et 8 ans	10	11	21
De 30 à 35	11	9	20	9, 10, 11 et 12	9	9	18
De 35 à 40	14	13	27	13, 14, 15 et 16	9	12	21
De 40 à 45	13	15	28	17, 18, 19 et 20 ans	8	8	16
De 45 à 50	8	10	18	De 20 à 25	4	7	11
De 50 à 55	7	15	22	De 25 à 30	7	6	13
De 55 à 60	6	14	20	Au delà de 30 ans	1	4	5
De 60 à 65	10	11	21				
De 65 à 70	4	6	10		87	114	201
De 70 à 75	»	3	3				
De 75 à 80 et au-dessus	2	»	2				
	87	114	201				

RÉSUMÉ.

	HOMMES.	FEMMES.	TOTAUX.
Séjour de 1 à 8 ans	50	68	118
De 8 à 20 ans	26	30	56
De 20 à 30 et au delà	11	16	27
	87	114	201

RÉSUMÉ.

	hommes.	femmes.
Au-dessous de 45 ans, nombre égal	52	52
Au-dessus de 45 ans plus de femmes	»	62
que d'hommes	35	»
TOTAUX	87	114

EXTRAITS

D'OBSERVATIONS CLINIQUES ET D'AUTOPSIES.

Pour ajouter quelque intérêt à la publication de mes tableaux statistiques, j'ai cru devoir les faire suivre de quelques observations particulières prises indifféremment parmi celles que j'ai recueillies à diverses époques et en différentes localités, ayant été à même de traiter des aliénés, non-seulement dans l'asile spécial de Bordeaux, mais encore dans les armées, dans les hôpitaux militaires et civils, ainsi que dans ma propre clientèle.

PREMIÈRE OBSERVATION.

Monomanie permanente. — Gangrène sénile.

Il n'est pas rare de voir des monomanies, après un certain temps, se convertir en manie ou en démence. Il est peu de cas, au contraire, où la monomanie se soutienne constamment telle qu'elle s'est manifestée à son début, et qu'elle n'éprouve pas la moindre variation pendant plus de soixante ans, ainsi que dans l'exemple suivant :

R. C., âgée de trente-huit ans à l'époque de son entrée dans l'hospice des aliénés de Bordeaux, le 6 mai 1785, se trouvait déjà, depuis trente ans, dans l'établissement, lorsque j'y fus chargé du service médical; je ne pus alors me procurer des renseignements circonstanciés et précis sur ses antécédents.

Monomaniaque tranquille, ne témoignant de l'impatience et du mécontentement que lorsqu'on l'entretenait et qu'on cherchait en même temps à la désabuser de son idée exclusive et permanente; d'une honnêteté et d'une prévenance remarquables dans ses manières, d'un maintien sévère, et en quelque sorte majestueux, avec une mise fort singulière, constamment en chapeau, en sabots, et portant plusieurs anneaux aux doigts de chaque main; elle était connue dans tous les quartiers de la ville, où on la laissait circuler librement tous les jours lorsque le temps était favorable. Cet exercice, depuis plusieurs années, était devenu pour elle une habitude, une nécessité..... Elle se donnait le nom de marquise de C***, et ne le laissait ignorer à personne. Glorieuse et dominée depuis son adolescence par des idées de grandeur et de richesses à venir, elle devait épouser un prince étranger qui, possesseur d'une immense fortune, l'avait réalisée avec le dessein et la promesse formelle de venir s'établir en France, où elle s'attendait journellement à le voir arriver par le premier bâtiment qui paraîtrait sur la rivière et sur lequel étaient entassés ses trésors, des diamants des plus précieux, et des meubles princiers. Elle se promenait fréquemment sur le quai, dans cette délicieuse attente qui, tout aussi souvent déçue, n'affaiblissait aucunement ses espérances; car, le jour suivant, elles n'en étaient pas moins flatteuses et séduisantes que la veille.

Après quarante-trois ans de séjour dans l'établissement, cette monomaniaque octogénaire fut atteinte de gangrène sénile, qui, fixée pendant plusieurs mois sur le gros orteil du pied gauche, envahit successivement les autres orteils et le métatarse. Dans cette fâcheuse position, elle vécut encore une année avec la même pensée, la même idée dominante, et conservant toujours l'espoir de son union prochaine avec son altesse le prince G***. Elle succomba le 15 octobre 1828.

SECONDE, TROISIÈME ET QUATRIÈME OBSERVATIONS.

Influence de la musique sur les aliénés.

Sans considérer la musique comme un spécifique et comme un moyen assuré de guérison de la folie, il faut convenir néanmoins qu'elle doit faire partie des moyens de distraction qu'il importe tant de varier et de ne jamais négliger dans le traitement des aliénés, parce que, après le travail, ce sont autant d'agents propres à le seconder efficacement, et dont on ne peut nier les précieux avantages, plus particulièrement dans leur convalescence.

La musique agit sur le physique, détermine des secousses nerveuses, excite l'imagination; elle calme et repose l'esprit par de douces impressions, et parfois aussi par d'agréables souvenirs. Mais on ne doit jamais emprunter le secours d'une musique trop bruyante, ni la faire exécuter avec un trop grand nombre d'instruments; car on a vu des maniaques, soumis à une pareille épreuve, devenir furieux.

La musique, en général, est plus utile dans le traitement de la mélancolie que dans celui des autres espèces d'aliénation mentale. Quoiqu'il paraisse assez difficile de préciser les circonstances où son emploi peut être le plus avantageux, on ne doit pas moins y avoir recours et en continuer l'emploi toutes les fois qu'elle semble, de prime-abord, se rapporter aux goûts et aux habitudes d'un aliéné, et lui procurer quelque satisfaction en le détournant, ne fut-ce qu'instantanément, des idées dominantes qui le préoccupent.

N'ayant eu, à l'asile des aliénés de Bordeaux, qu'une seule occasion opportune et toute particulière d'en faire l'essai à l'égard de plusieurs aliénés dans le même temps, je n'ai pas dû la laisser échapper. Tel est le sujet des trois observations suivantes : je rapporterai brièvement les deux premières, devant les comprendre, pour plus amples détails, dans l'exposé historique et circonstancié de la troisième.

Manie produite par l'excès d'étude.

PREMIER EXEMPLE. — A. R., âgé de vingt-quatre ans, célibataire, d'un tempérament bilieux, attaché à une maison d'éducation, possédant une solide instruction et quelques talents d'agrément, entre autres celui de la musique vocale et instrumentale, fut atteint d'aliénation mentale par suite d'un excès prolongé d'étude. Après quelques jours d'aberration assez remarquable dans ses idées et dans son langage, il eut un premier accès de délire maniaque, et, un mois plus tard, un second accès beaucoup plus prononcé qui nécessita son admission à l'asile de Bordeaux, le 7 juillet 1831. Pendant près d'un an, les accès se succédèrent de cinq en cinq ou six semaines; mais à la longue, à la faveur de l'isolement, du repos, d'un régime hygiénique approprié, ils s'affaiblirent et les intermittences se prolongèrent. En 1833, la musique, employée comme délassement et devenue sa seule occupation, fut le complément efficace de son traitement. Il sortit de l'asile en 1834.

Folie produite par l'abus des boissons alcooliques.

SECOND EXEMPLE. — L. F., âgé de cinquante-quatre ans, d'une forte complexion, luthier, et jouant de tous les instruments à cordes, exerçait plus particulièrement son talent les jours de fêtes, dans les bals champêtres et publics, où il avait l'occasion de satisfaire outre-mesure son penchant toujours croissant à l'ivrognerie; l'abus des boissons spiritueuses le conduisit à la folie. Après avoir, à différentes reprises, donné des signes non équivoques d'un commencement d'aliénation mentale, il devint graduellement maniaque, furieux et insupportable à sa famille. Celle-ci ne lui en prodiguait pas moins tous les soins possibles, à l'aide d'un gardien, homme très-vigoureux, qui ne le quittait ni le jour ni la nuit. Deux années s'écoulèrent ainsi; mais l'impossibilité de le contenir plus longtemps, et surtout de le forcer à s'abstenir du vin, son plus grand ennemi, nécessita son transport à l'asile, le 9 janvier 1833. L'isolement, l'éloignement de sa famille, qui n'avait plus sur lui aucun ascendant, ainsi que de son gardien, que, malgré sa taille et sa robuste constitution, il avait cessé de redouter; des bains réitérés, des boissons rafraîchissantes et tempérantes, un régime alimentaire analogue, et plus particulièrement la privation graduelle du vin, jusques à ne lui donner que de l'eau faiblement rougie pour boisson à ses repas, suffirent pour le ramener bientôt à la saine raison. A la fin du second mois, il me témoigna l'envie d'avoir ses cahiers de musique, une guitare, et plusieurs violons. Sur ma demande, sa famille s'empressa de condescendre à ses désirs. Dès lors il s'occupa à disposer son petit appartement, ses instruments, pupitres et musique, de manière à pouvoir varier à volonté ses plaisirs, et à se procurer un délassement d'autant plus utile, qu'en le renouvelant chaque jour il accélérait son propre rétablissement, et qu'il contribuait en même temps à la récréation et au bien-être de l'aliéné dont je viens de parler, de celui qui fera le sujet de l'observation suivante, et de trois autres aliénés qui étaient depuis plusieurs années dans l'asile, et qui, avant leur entrée, avaient cultivé la musique vocale.

L. F. rejoignit sa famille, le 22 mars 1834, après quatorze mois et demi d'un séjour dans l'établissement, qui lui avait été si profitable. Corrigé, du moins en apparence, de son défaut dominant, et bien convaincu du danger auquel l'ivrognerie l'avait exposé, il manifesta une ferme résolution d'éviter dorénavant toutes les occasions (surtout les cabarets et les fêtes publiques) qui pourraient être susceptibles de lui faire contracter de nouveau une habitude qui lui avait été aussi pernicieuse. Il n'a pas eu de récidive.

Manie religieuse. — Monomanie du suicide.

TROISIÈME EXEMPLE. — L. J. D., âgé de vingt-trois ans, célibataire, employé dans un bureau de comptabilité; d'une constitution nerveuse, d'un caractère mélancolique, ayant reçu une éducation soignée et cultivé avec goût la musique vocale et instrumentale; d'une conduite exemplaire; mais, *pour lui-même,* trop sévère et trop scrupuleux, il exagérait, par une fausse interprétation, la portée de quelques préceptes religieux. De là, une religion mal entendue et une manie religieuse; de là, une idée fixe et exclusive *(l'expiation de ses fautes),* et l'obligation de s'imposer diverses privations, entre autres celle de la nourriture. Toutefois, malgré sa faiblesse et l'abstinence, il remplissait encore ses devoirs avec la même exactitude. Mais, insensiblement, en passant des nuits entières à prier au pied d'une croix de mission, maigrissant et dépérissant à vue d'œil, il tomba dans un état d'inanition, présage d'une fin prochaine, parce qu'il refusait toujours, avec la même opiniâtreté, toute espèce d'aliments et de boissons; il conservait encore néanmoins toute la plénitude de sa raison lorsqu'il avait à répondre sur des sujets autres que la pénitence rigoureuse à laquelle il s'était volontairement soumis.

Appelé auprès de lui au commencement de janvier 1830, je réussis, non sans beaucoup de peine, et en lui faisant forcément maintenir la bouche ouverte, à lui faire avaler, à plusieurs reprises, une potion tonique cordiale. Il me fallut recourir au même moyen et aux exhortations les plus pressantes, les jours suivants, pour lui faire prendre un peu de bouillon et du lait, qu'il avait beaucoup aimé précédemment. Il accepta successivement des aliments un peu plus nutritifs, et, à la fin de janvier, il parut entièrement revenu de son idée de destruction.

J'étais bien satisfait de le laisser en d'aussi bonnes dispositions, devant m'absenter de la ville pour cinq à six semaines; je me bornai à prescrire un régime analeptique, des bains tièdes, un exercice journalier et proportionné au retour de ses forces, une société intime, des distractions agréables, des soins tout particuliers et une surveillance très-assidue.

A mon retour, dans le courant de mars, j'eus hâte de m'informer de ses nouvelles, et j'appris que le 25 février 1830, par suite d'une récidive, il avait été conduit à l'asile. Ce fut là que je lui continuai mes soins.

Dans son isolement, j'associai également au traitement moral un régime hygiénique et analeptique, et spécialement une surveillance de tous les moments; des bains, quelques douches légères, des boissons tempérantes et quelques laxatifs. Peu à peu il s'occupa à lire, à écrire et à composer quelques petites pièces de poésie; mais, toujours mélancolique et taciturne, il ne se plaisait que seul dans sa chambre. Ainsi s'écoulèrent les trois premières années de son séjour : 1830, 1831 et 1832.

Déjà, depuis le mois de juillet 1831, se trouvait dans l'asile le jeune célibataire sujet du premier exemple, et, le 9 janvier 1833, avait eu lieu l'admission du luthier (sujet du deuxième exemple). Ce dernier, en s'occupant uniquement de musique après la réception de ses instruments, me fournit l'occasion d'apprécier et de satisfaire pleinement le goût et le désir des deux autres, qui, plus jeunes, se chargèrent de copier de la musique en partitions, et qui s'accordaient fort bien ensemble pour la composition de paroles et chant pour leurs trois nouveaux associés.

Dès lors le concert fut organisé par la réunion des six amateurs, de trois instruments, et, au besoin, de cinq voix. En se donnant à eux-mêmes une utile distraction, ils procurèrent une heureuse diversion aux aliénés du même quartier, et bientôt ils furent à même de prendre une part active aux chants religieux tous les jours de solennités.

Je jouissais moi-même de la réussite de ce premier essai, lorsque, vers le milieu de l'année suivante, 1834, l'état mental des deux premiers fondateurs du concert s'étant amélioré et devenu normal, ne permit plus de les retenir dans l'asile, et ils en sortirent tous les deux.

Dès ce moment, plus de réunions, plus d'instruments et de voix en action.

D*** redevint bientôt aussi taciturne et aussi profondément mélancolique qu'antécédemment; on dut redoubler de soins et de surveillance à son égard. La monomanie du suicide reprit tout son ascendant et même plus d'énergie. Ses raisonnements et sa détermination ne dérivèrent plus que de sa fatale idée; son attention s'exerçait uniquement sur ce même point, et rien ne pouvait l'en distraire. Parfois cependant, après avoir passé une heure à genoux et en prières dans sa chambre, il semblait moins rêveur et moins préoccupé; mais il n'en raisonnait pas moins, intérieurement, sur les moyens de satisfaire son funeste penchant, tout en calculant l'instant de sa dernière heure, et épiant l'occasion opportune pour l'accomplir.

Cette occasion ne tarda pas à se présenter, et il sut en profiter à l'insu des aliénés, au moment où ils se disposaient à sortir du réfectoire, et où les infirmiers et

les ouvriers, employés à réparer une charpente, allaient prendre leur repas : en apercevant du fond de sa chambre une hache déposée imprudemment, par un des char-
pentiers, en dehors de la claire-voie en fer qui forme la clôture du quartier,
il courut s'en saisir et placer incontinent sa main gauche sur une large pierre qui se
trouvait à sa portée. Après avoir frappé plusieurs coups de la hache sur la partie dor-
sale de son poignet, il en fit autant sur le côté opposé. Son poignet n'était plus retenu que par un très-petit lambeau de peau, et une hémorragie effrayante s'en était
suivie; il n'eût pu survivre à la perte de son sang sans les prompts secours qui lui
furent administrés.

Ainsi fut conservé ce malheureux jeune homme qui, de sang-froid et fort gaîment
quelques minutes après l'évènement, racontait son acte de bravoure, en nous assu-
rant qu'il n'en avait pas éprouvé la moindre douleur et qu'il regrettait de n'avoir pas
frappé son cou plutôt que son poignet.

L'année 1835 et les premiers mois de 1836 se passèrent sans accidents et sans
autre tentative de destruction.

Vers le milieu de 1836, le célibataire R. (sujet du premier exemple), se jugeant
trop faible et peu sûr de lui-même, et se croyant menacé d'une prochaine rechute,
revint à l'asile de son propre mouvement. Ses craintes fort heureusement ne se réa-
lisèrent pas. Il resta néanmoins dans l'asile jusqu'au 23 mai 1838, constamment
tranquille, laborieux, et cherchant à se rendre utile. Depuis sa sortie, revenu à ses
fonctions de professeur, marié et père d'un bel enfant, il jouit (en 1846) de toute
sa raison et d'une bonne santé. Je n'oublierai jamais combien sa rentrée dans l'asile
fut un sujet de joie et de consolation pour le jeune monomane (sujet du troisième
exemple). Le retour de ce camarade produisit en lui un calme extraordinaire, lui
inspira même de la gaîté, et, peu de jours après, un tel enthousiasme, que, pour
parvenir à jouer encore du violon, il déplaça le chevalet et le cordes pour les mon-
ter en sens inverse, les toucher, et parcourir avec les doigts de la main droite, en
appuyant l'instrument sur l'épaule du même côté. Quant à l'archer, il se servait d'un
ruban pour l'attacher à son moignon; il réussit ainsi à faire sa partie, quoique pri-
vé de sa main gauche.

La musique parut, cette seconde fois, avoir apporté à son état mental une amélioration beaucoup plus remarquable que la première; car, après le départ définitif
de son ami, il se montra tout-à-fait résigné, calme et raisonnable en apparence. Il
s'occupait avec plaisir d'écriture, de lecture, de la composition de quelques vers,
surtout élégiaques; il sociait et conversait avec aménité avec tous ceux qui l'abor-
daient, et se conciliait ainsi ou plutôt, malheureusement, il commandait la confiance
de toutes les personnes employées dans l'établissement, à qui il semblait ne devoir
plus inspirer la moindre défiance ni la plus légère crainte à son égard, lorsque, le
13 mai 1839, il sortit, comme à son ordinaire, fort tranquillement de sa chambre,

avec plusieurs livres sous le bras, pour promener et lire en même temps. Assis quelques minutes après sur une pierre adjacente à la claire-voie qui séparait son quartier
d'une petite cour où se trouvaient des latrines, vu leur proximité et sous le prétexte
d'un besoin très-pressant, il demanda la permission d'y entrer incontinent, pour ne
pas être obligé de traverser tout son quartier. Par un excès de confiance, comme
par le défaut du plus léger soupçon, la porte lui fut ouverte à l'instant; mais à peine
introduit dans le cabinet des latrines, il en sortit tout nu, ses livres sous le bras, et
courut se précipiter, la tête la première, dans le puits adjacent, qui était pour le
moment découvert.

Ainsi termina ses jours cet intéressant et infortuné jeune homme, après avoir
été pendant neuf ans poursuivi et tourmenté par une idée fatale et par un penchant
tellement irrésistible à sa destruction, qu'il n'avait pu le dompter même pendant
des intermittences prolongées de deux à trois ans, qui, tout autant de fois, avaient
fait concevoir quelque espérance de lui conserver la vie [1].

CINQUIÈME OBSERVATION.

Influence de l'insolation prolongée sur la production de la folie.

J'avais eu plus d'une occasion, à l'armée d'Espagne en 1794 et 1795, de voir
des soldats français, qui n'étaient point encore acclimatés, devenir aliénés après avoir
été longtemps exposés à l'ardeur du soleil.

Telle avait été aussi la cause déterminante de la folie chez plusieurs des militaires
ou marins traités dans l'asile spécial de Bordeaux. Tous, *à l'exception d'un seul,*
étaient depuis fort longtemps dans l'établissement et atteints d'un délire maniaque
chronique plus ou moins intense. Ils ne m'avaient point encore présenté de cas de
guérison avant l'exemple que je vais citer d'un jeune homme tout récemment aliéné
lors de son entrée dans l'asile.

P. D., ouvrier plâtrier, célibataire, âgé de vingt ans, vigoureux et bien cons-
titué, après une marche forcée de sept à huit heures consécutives de durée, à un
pas accéléré, la tête nue et exposée en plein midi à l'ardeur du soleil le plus ardent,
le 1er juin 1841, fut, en rentrant à son domicile, atteint de folie. Un délire maniaque, frénétique, et des actes de violence pendant la nuit, furent le motif de son admission, d'urgence, dans l'établissement dès le lendemain, 2 du mois.

Traitement. — Émissions sanguines, bains, pédiluves sinapisés, petit-lait nitré,
lavements émollients et laxatifs.

[1] L'autopsie n'a pu avoir lieu.

Pendant les sept premiers jours, il n'y eut aucune rémission, aucun amendement dans son état mental.

Du huit au douzième jour, il y eut une amélioration notable. Insensiblement calme, reprenant l'usage de ses sens et de sa raison, il goûta le sommeil et prit ses repas au réfectoire commun; bientôt il socia avec les autres aliénés tranquilles, et ne donna plus le moindre signe d'aberration dans ses idées, son jugement, ses gestes, son langage et sa conduite. Parfaitement rétabli, il sortit à la fin du mois de juillet, et, depuis lors, il a été exempt de récidive.

SIXIÈME OBSERVATION.

Délire maniaque, en quelque sorte continu pendant un an, et converti en une monomanie qui, après avoir persévéré pendant dix ans, a été guérie par une crise morale.

Si les peines morales, subitement et vivement ressenties, peuvent occasionner la folie, on ne saurait refuser également aux affections morales une influence particulière sur sa solution, lorsqu'on est forcé d'autre part de convenir qu'elles en exercent une bien puissante sur la conservation de la santé comme sur la production des maladies. Les affections morales, en effet, en réagissant sur les aliénés, doivent concourir efficacement à modifier leurs sensations, leurs idées, leurs déterminations, et donner lieu à des guérisons, que, jusques-là, aucune circonstance favorable n'avait permis de prévoir. En voici un exemple qui prouve qu'il ne faut jamais désespérer de la guérison des aliénés [1].

Th. J. R. âgé de quarante-deux ans, d'une haute stature, d'un tempérament sec, nerveux et bilieux, lésé dans des intérêts de famille, blessé par des procédés d'ingratitude, et poussé à la colère, perd l'usage de sa raison.

Effrayant dans ses premiers accès de délire maniaque et ne pouvant plus être contenu et soigné au sein de sa famille, il est conduit à Bordeaux et admis dans l'asile, le 27 avril 1820.

Ce ne fut qu'après une année révolue, qu'on put reconnaître quelque résultat avantageux de son isolement, de l'éloignement surtout et de l'oubli de plusieurs personnes dont il avait eu à se plaindre. Ce fut alors seulement qu'il parut plus calme, s'occupant de la lecture et conversant avec justesse sur tous les sujets indifféremment; il ne déraisonnait plus que sur un seul, et ne tarissait pas lorsque la conversation l'y ramenait; il s'exprimait alors avec une volubilité de paroles éton-

[1] Quoique pendant plus de vingt ans, à raison des admissions rares et tardives, je n'aie eu à traiter, pour ainsi dire, que des aliénations mentales extraordinairement anciennes, j'ai vu néanmoins s'opérer plusieurs guérisons remarquables de maniaques et de monomaniaques après plusieurs années de séjour dans l'asile.

nantes, et gesticulait avec beaucoup de véhémence, toutefois sans menaces, mais ne ménageant pas ses expressions, relativement à l'objet unique qui le préoccupait, c'est-à-dire à une haute mission à remplir, et sur laquelle reposaient encore toutes ses pensées et ses raisonnements.

Inspiré de Dieu, et en communication avec l'esprit céleste, il était chargé de convertir tous les francs-maçons, et en cas de non-réussite, de les exterminer tous.

Une particularité très-remarquable, c'est que les personnes présentes auxquelles il adressait la parole étaient censées ne point appartenir à la franc-maçonnerie et se trouvaient ainsi exemptes de toute crainte. Il n'existait donc pour lui de francs-maçons que parmi celles qu'il ne voyait pas et qu'il n'était point à portée de voir. Ses mouvements de vivacité, par conséquent, et ses paroles, ne se rapportaient qu'à des absents et ne pouvaient nuire à personne.

Cette monomanie, néanmoins, a persisté telle quelle et opiniâtrement pendant dix ans; c'est à la fin de la dixième année de son isolement, qu'une triste nouvelle, qui lui fut annoncée subitement et sans ménagement, opéra une crise favorable; ce fut la nouvelle de la mort d'un individu à qui il pensait sans cesse, qu'il désignait, sans jamais le nommer, comme son ennemi le plus obstiné; cet individu, à lui seul, constituait la corporation entière des francs-maçons.

Peu de jours après, son intelligence et ses idées changèrent absolument de direction. On put dès lors apprécier son caractère naturel, et bientôt ses bonnes qualités et sa vaste érudition. Calme, conversant avec aménité sur tous les sujets d'arts et des sciences qu'il avait autrefois cultivés avec goût et succès, il jouissait de toute la plénitude de sa raison, tout en se rappelant la bizarrerie de ses sensations précédentes, comme la fausseté de ses raisonnements. Il ne conservait aucun souvenir pénible de sa maladie mentale. Sa mémoire même, relativement aux plus petits détails de ce qui s'était passé durant les dix années antécédentes, semblait acquérir plus de force à mesure qu'il se rapprochait davantage de sa complète guérison, et il cherchait d'avance à s'assurer s'il serait à même de supporter impunément la vue de son domicile et de son ancien voisinage, comme aussi, s'il pourrait sans rancune et bien sensément revoir quelques personnes qui pouvaient avoir participé à ses peines morales et à l'égarement de sa raison.

Enfin, après onze ans de séjour dans l'asile, il en sortit le 7 avril 1831, à l'âge de cinquante-trois ans.

J'ai reçu de lui, durant les trois années suivantes, plusieurs lettres toutes empreintes du sentiment de la plus vive gatitude, dans lesquelles il me faisait part de l'heureux état persévérant de sa santé physique et morale.

SEPTIÈME OBSERVATION.

Monomanie du suicide [1] guérie par une crise physique.

On ne peut se promettre réellement la guérison durable de la folie que lorsqu'elle a été signalée par quelque crise sensible; mais, à raison de l'excessive sensibilité des malades et des fréquentes anomalies nerveuses qu'ils présentent à l'observation du médecin, il est si difficile d'apprécier tous les phénomènes qu'elle offre dans son cours, qu'on ne peut que très-difficilement aussi prévoir et seconder les efforts critiques, susceptibles d'en amener la solution.

C'est dans la manie récente, plus particulièrement la monomanie et la lypéma-nie, qu'on observe des crises favorables, soit physiques, soit morales, les unes et les autres de diverses natures. A la suite de l'exemple que je viens de citer d'une monomanie guérie par une crise morale, je crois à propos de rapporter également un cas de guérison par une crise physique.

P. D., âgé de soixante-trois ans, d'un tempérament bilieux, d'un caractère mélancolique, éprouvait, depuis un an, des chagrins domestiques violents, à raison de grands sacrifices méconnus. Redoutant la misère à la fin de ses jours, il s'isole de la société, devient taciturne et profondément mélancolique. L'ennui de la vie le porte à la recherche d'un moyen de se détruire. Habitant un troisième étage, il songe à se précipiter par une croisée; plus tard il croit devoir s'asphyxier; mais il ne veut pas de témoins dans le premier cas, et craint d'être surpris dans le second, à raison de la surveillance qu'on exerce déjà sur lui. La police est instruite de sa position et fait des démarches pour l'envoyer à l'asile. Je suis appelé avec un commissaire. Pendant plus d'une heure nous nous entretenons avec lui. Sur aucun sujet il ne déraisonne; il nous fait part des motifs de sa détermination irrévocable, et refuse pertinemment de suivre nos conseils; il est inébranlable dans sa résolution; le chagrin le dévore, la vie lui est à charge, rien ne peut le détourner de son fatal projet.

Nous le laissons dans son appartement; mais il nous rejoint en toute hâte au rez-de-chaussée. Apercevant un bout de corde sortant d'une des poches de son habit, nous lui demandons ce qu'il voulait en faire. *Me pendre,* répondit-il incontinent, *j'avais une corde,... on me l'a enlevée..., j'en ai acheté une autre.*

Dès le soir même, 4 mars 1832, il fut transféré à l'asile des aliénés de Bordeaux.

Le lendemain, à ma visite du matin, au moment où je m'approchai de lui, il m'adresse la parole : *Vous m'avez joué hier un bien mauvais tour, en m'enle-*

---

[1] C'est depuis 1833 jusqu'à la fin de 1837, que le nombre des aliénés enclins au suicide a été le plus considérable. Il en restait encore quinze dans l'asile en 1838.

vant ma corde. Il me reste heureusement un moyen assuré de me détruire, c'est de frapper à coups redoublés de ma tête contre la muraille; mon affaire sera bientôt faite.

J'étais bien loin, lui dis-je aussitôt, lorsque je m'entretenais hier avec vous, de vous croire fou. Votre langage aujourd'hui est celui de la folie. *Pas du tout, ajouta-t-il avec vivacité, c'est celui du bon sens et de la saine raison.*

En l'abandonnant à son idée, je me contentai de lui dire : Vous vous blesserez; mais vous ne vous tuerez pas.

Le jour suivant, deux heures avant ma visite, il exécuta son projet; mais la vive douleur, résultat de déchirures et de profondes contusions, ainsi que son émotion et sa frayeur à la vue d'une hémorragie abondante par le nez et en plusieurs points de la figure, le détournèrent subitement de sa pensée primitive et dominante.

Vous aviez raison, M. le docteur, me dit-il aussitôt, *et je me suis fait bien du mal.*

Que cette leçon vous soit profitable ainsi que nos conseils, lui répondis-je, et vous jouirez encore de la vie et du bien-être que l'ingratitude ne vous refusera plus désormais.

En lui parlant ainsi, j'étais bien loin d'espérer que mon pronostic pût se réaliser et que cette violente et subite douleur physique pût spontanément convertir un monomane aussi opiniâtre et déterminé. Ses blessures seules le retinrent dans l'asile; il fut très-longtemps à en guérir. On n'usa plus à son égard que d'un traitement hygiénique et moral, et, après sept mois et huit jours de séjour, il fut rendu à sa famille le 11 octobre. J'eus occasion, l'année suivante, de le rencontrer et de lui parler dans la rue. Depuis lors je ne l'ai plus revu.

HUITIÈME ET NEUVIÈME OBSERVATIONS.

Suppressions d'anciens ulcères, cause de la folie.

Si le mode de traitement à suivre à l'égard de certaines maladies, pour en obtenir la guérison, consiste à rappeler des évacuations habituelles, à la suppression desquelles elles doivent leur origine, il en est de même de la folie, lorsqu'il est reconnu qu'elle a été le résultat d'une suppression prompte et intempestive d'anciens ulcères (qu'on devrait le plus souvent considérer comme des exutoires salutaires et devenus nécessaires par rapport à leur chronicité), dont le rétablissement parfois a été suivi de la guérison de l'aliénation mentale. Voici deux cas analogues quant à la cause déterminante, mais bien différents quant à la marche, aux complications et à la terminaison de la maladie..., heureuse dans le premier cas et funeste dans le second.

PREMIER CAS. — E. C., ancien grenadier dans un régiment d'infanterie de ligne, successivement incorporé dans une brigade de la gendarmerie du département des Alpes maritimes, atteint depuis plusieurs semaines d'un délire maniaque continu, qui, revenant journellement plus violent, et ne permettant plus de le garder à la caserne, obligea de le transporter à l'hôpital de Nice, le 2 avril 1807.

Âgé de cinquante-six ans, d'une haute stature, d'une forte complexion, d'un tempérament bilieux, d'un caractère impatient et irascible, grand mangeur et enclin à l'ivrognerie, il ne tarde pas, après son entrée à l'hôpital, à devenir furieux et à exposer, par des actes de violence, les personnes employées à sa surveillance. On réussit toutefois à le contenir avec une camisole appropriée, et à lui faire pratiquer une ample saignée au bras; mais, à raison de sa répugnance et de son opiniâtreté à refuser toute espèce de breuvages et de médicaments, l'eau pure fut son unique boisson. Quant aux aliments solides, il les saisissait avec voracité.

Il n'y eut aucun amendement remarquable pendant les douze premiers jours. Durant les quatre suivants, il y eut un peu de calme par suite de plusieurs selles bilieuses et abondantes produites par des lavements purgatifs.

Ce ne fut qu'à cette époque que je pus avoir quelques renseignements relatifs à ses antécédents, à ses habitudes, à sa conduite, et à la cause spéciale de sa folie.

Ennuyé d'être gêné pour la progression et pour son service, par deux larges ulcères qu'il portait depuis plusieurs années à la jambe droite, il résolut de s'en délivrer en s'adressant à un empirique de passage, qui lui remit et lui conseilla, pour en faire l'application journellement sur ses ulcères, une poudre inconnue et infaillible dans son effet, en lui associant des lotions fréquentes avec l'eau végéto-minérale.

Par ce double moyen, en effet, les ulcères se tarirent et se séchèrent en peu de jours.

Ne pensant pas devoir révoquer en doute cette cause déterminante de l'aliénation mentale, je me proposai de remplir simultanément deux indications : 1° rétablir, s'il était encore possible, les ulcères, et 2° produire en même temps des évacuations alvines beaucoup plus abondantes, puisqu'elles avaient déjà donné lieu à un certain amendement.

Trois cautères très-rapprochés, sous forme de triangle, furent immédiatement appliqués à la jambe, siége des anciens ulcères.

Pour purger le malade, j'employai en frictions, alternativement sur l'abdomen et sur la partie moyenne et interne des cuisses, une teinture spiritueuse de coloquinte. Ces frictions, renouvelées tous les deux jours, procuraient chaque fois des selles bilieuses et fort copieuses.

C'est à la combinaison de ces deux moyens, l'un à l'extérieur et l'autre à l'intérieur, que furent dus l'amélioration graduelle de l'état mental et l'entier rétablissement de ce gendarme, qui sortit de l'hôpital quatre mois après son entrée, et que j'ai eu, lors de mon départ de Nice, trois ans plus tard, l'occasion de revoir occupant un emploi sédentaire dans un bureau des octrois de la ville.

Second cas ; autopsie. — Pendant le séjour du malade précédent à l'hôpital de Nice, un autre aliéné y fut admis, le 4 mai 1807, mais dans un état de démence et une situation qui ne laissait, de prime-abord, aucun espoir de prolonger son existence. Aussi il ne fut nullement question de rétablir des ulcères dont la suppression, pour ainsi dire subite, avait bien certainement été la cause première du désordre mental, bientôt converti en démence. J'en fus convaincu par les renseignements que je reçus le même jour.

G. F., canonnier garde-côtes, âgé de soixante-deux ans, d'un tempérament lymphatique, d'une constitution hémorroïdaire, fort peu soigneux de sa tenue et de son régime alimentaire, avait été blessé treize ans auparavant à une jambe par un coup de feu. Cette blessure ne fut jamais guérie et se changea en un ulcère variqueux très-étendu, que, d'ailleurs, le genre de vie du canonnier ne tendait qu'à entretenir et aggraver à la longue.

Ce fut quatorze à quinze mois avant son entrée à l'hôpital, qu'il avait songé et réussi à sécher promptement sa vieille plaie avec une solution de sulfate d'alumine dans une forte décoction de feuilles de rosier et d'écorces de grenades.

Un premier accès de délire avait succédé à la dessication intempestive de l'ulcère. Plusieurs autres accès, un état maniaque permanent et la démence en avaient été la conséquence, et sa santé se détériorait de plus en plus chaque jour.

A plusieurs reprises, dans le cours de la dernière année passée à son domicile, il avait éprouvé de la difficulté à prononcer certains mots ; avec cette difficulté de la parole, toujours croissante, s'étaient manifestés un commencement de paralysie et l'œdématie des membres inférieurs, une affection scorbutique des gencives, la diminution graduelle des forces, la langueur des organes digestifs, des digestions viciées, un flux lientérique et une diarrhée colliquative.

Telle était la situation de ce malade lors de ma première visite, à laquelle il ne survécut que quatre jours.

Entre autres désordres reconnus par l'autopsie, je me borne à signaler un épanchement très-considérable de sérosité dans les ventricules du cerveau, et le ramollissement de la substance corticale ; une altération chronique de tout le conduit alimentaire, et quelques points d'ulcération de la membrane muqueuse du colon transverse.

DIXIÈME ET ONZIÈME OBSERVATIONS. — AUTOPSIE.

Onanisme, cause principale de l'aliénation mentale.

L'onanisme, véritable fléau de l'espèce humaine, est surtout beaucoup plus préjudiciable à l'âge de l'adolescence.

On est assez généralement porté à croire que ce vice honteux est plus fréquent chez les hommes que chez les femmes; mais cette opinion ne paraît pas être bien fondée, si l'on refléchit à la timidité et à la réserve des femmes dans leurs aveux.

Quoiqu'il en soit, l'onanisme, pour l'un et l'autre sexes, est considéré comme une des causes propres à occasionner la folie. Seul souvent, il prédispose et conduit au désordre mental; d'autrefois il concourt à sa production simultanément avec d'autres causes dont il corrobore l'influence.

L'onanisme prédispose à l'épilepsie, et on voit beaucoup d'épileptiques aliénés. Il influe plus particulièrement sur la production de la démence; il est très-préjudiciable et d'un très-fâcheux augure pour les maniaques, lorsqu'ils continuent à se livrer à ce déplorable penchant. Quant aux idiots, il n'est pas rare d'en rencontrer qui, avec le même excès, sans honte, et quelquefois en présence de témoins, persévèrent dans leur funeste habitude; tant il est vrai qu'il est toujours extrêmement difficile de déraciner ce vice dès son principe et d'en prévenir les fâcheuses conséquences! Comme l'abus des boissons alcooliques, l'onanisme épuise la sensibilité, hâte la chute des forces, amène la langueur, jette dans un abrutissement stupide, et conduit à la phthisie, au marasme, et à une mort prématurée.

Entre autres exemples, j'en rapporterai deux qui sont assez analogues, quant aux causes, à la terminaison de la folie, et même quant à l'altération particulière du cervelet observée par l'autopsie. Dans l'un et l'autre exemples, même penchant habituel et irrésistible jusques au terme de l'existence : apoplexie foudroyante.

PREMIER EXEMPLE. — J.-J. C., étranger au département de la Gironde, célibataire, âgé de quarante-sept ans, d'une forte complexion dans sa jeunesse, d'un tempérament bilioso-sanguin, hémorroïdaire depuis plusieurs années, d'un caractère irascible, épuisé par l'abus des femmes et la pratique habituelle de l'onanisme, éprouve des revers et pertes dans le commerce.

De là, folie, et son admission à l'asile de Bordeaux, le 19 août 1834.

Loin d'éprouver quelque rémission, le désordre mental ne fit que croître d'intensité. Pendant cinq mois, même agitation et mêmes accès de fureur.

Apoplexie. Mort subite le 16 janvier 1834.

Résultat de l'autopsie pratiquée le jour suivant.

Ecchymoses cadavériques sur la partie postérieure du corps.

Roideur et contraction des muscles, surtout des membres supérieurs.

Bourrelets hémorroïdaires dans le pourtour de la marge de l'anus.

Inflammation manifeste des méninges, de l'arachnoïde, surtout à la partie supérieure du cerveau.

Vaisseaux superficiels gorgés de sang; caillot de sang volumineux à la base de l'hémisphère droit.

Ventricules ne présentant aucune trace d'altération et ne contenant que très-peu de sérosité.

Substance propre du cerveau, beaucoup plus ferme et plus dense que dans l'état ordinaire.

Substance du cervelet, au contraire, extrêmement ramollie et puriforme en quelques points.

Écoulement d'une grande quantité de pus, provenant de la moëlle épinière, par l'ouverture du canal rachidien.

État normal des viscères thoraciques, ainsi que de la râte, des reins et de la vessie; mais le foie et le pancréas plus volumineux que dans leur état normal et altérés dans leur tissu.

Vésicule du fiel très-pleine et distendue.

Intestins très-amples et volumineux, surtout le cœcum et le colon, dont la portion transverse était inclinée dans la direction verticale.

SECOND EXEMPLE. — J. F., célibataire, âgé de quarante-six ans, tempérament bilieux, caractère mélancolique, prédisposition héréditaire à la folie, peines morales concentrées, revers, abus des femmes et de la masturbation, hernie inguinale gauche, avec adhérences et n'ayant jamais été maintenue réduite; symptômes équivoques de prime-abord et successivement manifestes d'un désordre mental, accès violent de folie répété et devenu le motif de son admission à l'asile de Bordeaux, le 8 juillet 1838.

Aucun amendement; persistance, au contraire, d'un délire maniaque avec fureur jusques au 23 du mois d'août. Ce jour-là, étranglement de la hernie, constipation, vomissements, opération pratiquée d'urgence.

Nuit suivante, même agitation et délire; difficulté de maintenir le malade dans son lit; déplacement de l'appareil employé après l'opération.

Le 24, apoplexie, mort subite à une heure après midi.

Le 25 au soir, autopsie, dont voici sommairement le résultat.

Cerveau très-volumineux et développé par rapport à la capacité de la boîte osseuse.

Occipital beaucoup plus épais qu'il ne l'est ordinairement à sa partie moyenne et inférieure.

Crête occipitale, intérieurement surtout, présentant dans toute son étendue une saillie très-prononcée et entièrement formée par la substance compacte, ayant au moins 1 centimètre d'épaisseur.

Dure-mère très-épaissie, adhérant fortement, en plusieurs points, à la voûte du crâne.

A la partie moyenne et postérieure du cerveau, les vaisseaux de l'arachnoïde généralement injectés, et beaucoup plus encore à l'extrémité postérieure de l'hémisphère droit, dont la substance était altérée par un commencement de ramollissement.

Aucune altération apparente dans les autres parties des hémisphères du cerveau.

Aucun épanchement de sérosité dans les ventricules latéraux.

Substance du cervelet entièrement altérée par suite du ramollissement, et réduite à la consistance de bouillie.

Une grande quantité de liquide séreux, en quelque sorte puriforme, écoulée par l'ouverture du canal rachidien.

Rien de remarquable à l'égard des viscères thoraciques et abdominaux, malgré le déplacement de l'appareil herniaire, occasionné dans la nuit par les mouvements violents du malade; l'intestin seulement était légèrement phlogosé.

DOUZIÈME ET TREIZIÈME OBSERVATIONS.

Aliénation mentale de deux nouvelles accouchées et nourrices.

De toutes les observations que j'ai été à portée de recueillir à ce sujet, il n'en est aucune qui m'ait paru assez concluante pour la solution depuis longtemps recherchée d'une question fort importante :

La suppression, la diminution et l'altération des qualités du lait, doivent-elles être considérées comme la cause, ou comme l'effet de la folie? Nombre d'observations de médecins éclairés et dignes de foi signalent l'invasion du désordre mental comme le résultat de la suppression ou diminution du lait, tandis que, d'autre part, des faits nombreux constatent le contraire, c'est-à-dire que la suppression et diminution du lait n'ont lieu qu'après l'explosion du délire. Voici deux cas assez analogues, quant à l'âge de l'une et l'autre nouvelles accouchées, ainsi qu'à la spontanéité de la manifestation du délire et à l'action rapide de la cause qui lui a donné lieu. D'un côté, chagrin désespérant, et de l'autre, frayeur subite. Dans le premier cas, simultanéité de délire et de la suppression du lait; dans le second cas, incertitude, à raison du défaut de renseignements, si la diminution du lait avait précédé ou suivi l'invasion de la folie.

Premier exemple. — Pendant mon séjour à Nice, alors département des Alpes maritimes, Madame A. C. de St. P., âgée de vingt-huit ans, mariée fort jeune, déjà mère de quatre enfants sains et bien constitués, d'un tempérament lymphatico-sanguin, d'une constitution nerveuse, d'un caractère gai et aimable, d'une santé parfaite, allaitait son quatrième enfant depuis neuf mois, lorsque, un des derniers jours du mois de février 1809, dans le moment où elle se disposait à donner le sein à son nourrisson, elle fut instruite, sans précaution et le moindre ménagement préalable, de la mort d'un proche parent qu'elle affectionnait très-particulièrement. Elle s'évanouit au même instant en poussant un cri perçant. Pendant qu'on lui portait les secours les plus directs, une femme de chambre s'empara de l'enfant, qui ne tétait plus journellement que le matin et le soir, et qui, faisant déjà usage, outre le lait maternel, de quelques légers aliments, devait être sevré dans le courant du printemps. Heureusement il n'avait point encore saisi le mamelon avec ses lèvres.

La malade était à peine revenue de son évanouissement, lorsque j'arrivai auprès d'elle; je m'y étais rendu d'autant plus promptement, que j'étais son médecin ordinaire, et que mon habitation était voisine et en face de la sienne. Je fus étrangement surpris de voir deux effets simultanés de la profonde émotion morale qu'elle venait d'éprouver. D'une part, j'observai de l'agitation, des mouvements convulsifs dans les membres, et un délire maniaque fort intense; d'autre part, l'affaissement complet des deux mamelles et la disparution tout aussi subite du lait, dont la sécrétion n'eut plus lieu depuis cet instant.

Traitement. — Saignée immédiate sur une malléole, potion antispamodique camphrée, pédiluve sinapisé, boisson délayante nitrée; le lendemain et les jours suivants, petit-lait nitré, lavement émollient et laxatif, applications révulsives réitérées sur les membres inférieurs, bains et demi-bains émollients, repos absolu, silence, isolement, petit jour, et une seule garde avec son mari dans son appartement.

Ce mode de traitement fut ensuite modifié selon les circonstances et les indications.

La première semaine se passa avec moins d'agitation; le délire, néanmoins, persistait, mais avec moins d'intensité.

L'état mental s'améliora graduellement pendant les deux semaines suivantes; pendant la quatrième et la cinquième, la malade reprit totalement l'usage de la raison; mais toujours très-impressionnable, elle conservait des dispositions à être effrayée par les moindres causes; elle aimait à caresser ses enfants, et se plaisait surtout à faire prendre elle-même la nourriture au plus jeune, qu'elle croyait encore avoir sevré elle-même très-naturellement.

Le succès des moyens thérapeutiques fut amplement partagé par un traitement moral et hygiénique constant, par les soins et les prévenances d'une famille qui la chérissait, par une société fort agréable d'amies intimes, ainsi que par l'exercice journalier à la campagne et dans un de ces délicieux jardins dont elle est parsemée sous le beau climat de Nice.

Aucune récidive, aucune apparence de rechute n'eurent lieu pendant les vingt-deux derniers mois de mon séjour à Nice; son accès de délire avait été unique, mais très-prolongé, intense et propre à inspirer des craintes pour l'avenir.

Plusieurs années après, j'ai reçu l'assurance de sa complète guérison. Le médecin s'estimerait bien heureux s'il réussissait toujours, d'une manière aussi marquée, dans le traitement de semblables aliénations mentales.

SECOND EXEMPLE. — *Aliénation mentale intermittente.*

Mme A. D., de Paris, âgée de trente ans, mariée depuis six à sept ans, d'un tempérament lymphatico-sanguin, caractère sensible, vif et enjoué, très-nerveuse et impressionnable, mère de trois enfants parfaitement sains, allaitait son troisième enfant avec l'intention de le sevrer très-prochainement, lorsque, subitement, elle fut atteinte d'un délire maniaque avec fureur. Ne pouvant être convenablement soignée à son domicile, elle fut transportée à l'asile de Bordeaux, le 21 du mois d'août 1832, quinze jours après l'invasion du délire.

Je fus instruit, dès son entrée, de la cause du désordre mental, c'est à-dire de la frayeur subite et accablante dont elle avait été saisie, en voyant une voiture rouler rapidement dans la rue, au-devant de sa porte, où jouaient alors deux de ses enfants, et se persuadant que l'un d'eux, qu'elle n'apercevait plus, avait été écrasé par une roue de la voiture. A l'instant même la folie s'était déclarée. Je ne pus savoir si la suppression du lait avait été antérieure, concomitante, ou postérieure à l'invasion de l'aliénation mentale.

Son délire maniaque, parfois violent et par intervalles beaucoup moins intense, persista pendant le premier mois de son traitement, dont je crois superflu de donner les détails.

Successivement plus calme, commençant à s'occuper d'un travail manuel qui lui était familier et à soutenir la conversation avec assez de justesse dans le raisonnement, physiquement bien portante, elle paraissait entièrement rétablie. Néanmoins, dans la vue de prolonger l'épreuve pour sa plus grande sûreté, elle fut retenue dans l'asile jusqu'au 30 septembre 1834, et en sortit après deux ans de séjour.

Rentrée dans ses foyers, enceinte peu de temps après, elle eut une heureuse grossesse, et allaita convenablement son enfant pendant un an ; lorsqu'elle le sevra, *peut-être brusquement, et en négligeant les précautions que la prudence et l'expérience lui commandaient,* le délire maniaque se manifesta tout aussi spontanément et avec la même intensité qu'en juillet 1832. On se hâta de la transporter de rechef à l'asile, le 6 avril 1837.

Son isolement et un traitement approprié ayant eu lieu incontinent, le second accès n'eut pas la durée ni la gravité du premier. Quatre mois après, elle sortit de l'asile le 21 août suivant (1837).

A peine rendue à sa famille, elle eut une nouvelle grossesse et nourrit son enfant sans accidents comme précédemment. La folie se déclara encore au moment du sevrage, et elle fut renvoyée le 1er mars 1839 à l'asile, d'où elle était sortie dix-huit mois auparavant.

Ce troisième séjour fut de vingt-un mois jusques au 18 décembre 1840.

Après ces trois reprises de folie, en 1832, 1837 et 1839, par conséquent avec des dispositions récentes et plus actives encore que ses prédispositions natives et sa constitution nerveuse et impressionnable, il était à craindre que, lors même qu'une nouvelle grossesse, l'allaitement et le sevrage ne se représenteraient pas pour ramener, comme antécédemment, l'époque d'une récidive, elle n'eût lieu par tout autre circonstance également propre à la reproduire. C'est ce qui arriva dix mois plus tard, par suite de contrariété et d'une peine morale bien légitime et vivement ressentie. Le 14 octobre 1841 elle rentra à l'asile, où, pour la quatrième fois, elle a subi un traitement plutôt moral et hygiénique que médicamenteux, mais beaucoup plus prolongé pour mieux s'assurer de sa guérison. Son dernier séjour dans l'établissement a été de trois ans, jusqu'au commencement de 1845.

Sa position et celle de ses enfants étant devenue meilleure depuis lors et ayant mis un terme à ses chagrins, A. D. est, à part une susceptibilité nerveuse naturelle, fort tranquille et laborieuse ; elle a recouvré son embonpoint et jouit d'une bonne santé. Ses antécédents, toutefois, ne permettent pas de la juger exempte de récidive.

Me proposant de réunir dans un second travail un plus grand nombre d'observations pour la description particulière des différentes espèces de vésanies, je terminerai le présent par la suivante.

.

QUATORZIÈME ET DERNIÈRE OBSERVATION.

Mélancolie avec délire promptement dégénérée en démence, résultat d'un excès d'étude et d'une passion exaltée et déçue[1].

J. P. G., étranger au département de la Gironde, âgé de vingt-quatre ans, d'un tempérament lymphatique, d'un caractère timide et sensible, dès son enfance porté au travail, ayant terminé ses études scolastiques et son cours de droit avec distinction, adonné par un penchant spécial à l'étude des mathématiques, n'ayant jamais consacré ses loisirs aux arts d'agrément, est amené, par une circonstance toute particulière, à étudier simultanément la musique et la langue italienne.

En concevant dans sa pensée le projet d'un mariage dont il s'exagère la possibilité, il se promet de le réaliser en paraissant dans la société avec des talents propres à l'y faire remarquer. Cette nouvelle étude exige de la persévérance et des efforts de mémoire ; il passe les jours et les nuits au travail, pendant la saison des chaleurs, en 1819. S'isolant, à cet effet, il ne tarde pas à devenir mélancolique, triste et silencieux, sa tête faiblit, sa mémoire perd son énergie, et peu à peu s'affaiblissent toutes ses facultés intellectuelles, volontaires et sensitives. Dans cet état d'apathie et d'indifférence surtout, il ne prend plus intérêt à la moindre chose, rien ne l'affecte, et il semble étranger à tout ce qui l'environne. S'il prononce quelques paroles, elles sont incohérentes et sans suite ; la plupart paraissent se rattacher à l'objet de ses dernières études et de ses espérances.

Après avoir été traité dans sa famille pendant plusieurs mois, il est envoyé à Bordeaux et placé dans l'asile des aliénés, le 15 mai 1820.

Je m'abstiendrai d'énumérer, dans leur ordre successif, tous les changements qui s'opérèrent en lui, sous le rapport de sa santé physique, pendant les six premières années de son séjour dans l'établissement, et qui, avec des résultats bien opposés et présentant des indications différentes à remplir, ne permettaient guère de reconnaître et de seconder les efforts et la tendance de la nature à une heureuse solution de la maladie mentale. Son tempérament lymphatique d'ailleurs, sa complexion naturelle, ainsi que les causes débilitantes (excès d'étude et chagrin) qui avaient provoqué le désordre mental, pouvaient bien s'opposer à la manifestation d'une crise complète. Aussi, dans le cours de son traitement, il fallut parfois se borner à une sage expectation, et, par intervalles, recourir à des moyens thérapeutiques actifs, à des rubéfiants et révulsifs cutanés, etc., etc.

---

[1] La folie est rarement due à l'action isolée d'une cause morale ou physique. Le plus souvent, ces deux causes concourent simultanément à la production du désordre mental.

Souvent aussi il est très-difficile de découvrir la cause primitive de la folie et d'en apprécier la manifestation graduée.

Tantôt constipation prolongée à réprimer, tantôt excrétions alvines bilieuses ou muqueuses abondantes à modérer; en d'autres temps, la diminution des forces, la maigreur, le défaut de nutrition exigeant un régime tonique et analeptique; une fièvre intermittente à plusieurs reprises, et, par intervalles, des éruptions de furoncles à utiliser; œdématie des membres inférieurs due à l'inaction et au défaut d'exercice. Traitement, pendant plusieurs mois, d'une hépatite aiguë, engorgement douloureux du foie, jaunisse opiniâtre, et diverses indispositions éphémères. Le phénomène le plus remarquable dans ces diverses variations a eu lieu à différents intervalles dans le cours des septième et huitième années. A l'état de maigreur succédait un prompt et extraordinaire embonpoint, pendant lequel les facultés mentales semblaient reprendre de l'énergie, tandis que le retour de l'amaigrissement produisait un effet contraire. L'embonpoint, à la longue, revenant à un moindre intervalle, se prolongeait davantage, et, proportionnellement aussi les facultés intellectuelles et morales se rapprochaient davantage de leur état normal. Du milieu à la fin de la huitième année, un embonpoint ordinaire se maintint sans augmentation et sans diminution, et on vit insensiblement et pleinement se rétablir toutes les fonctions : l'appétit, le sommeil, la régularité des sécrétions, et définitivement la santé physique et morale.

Pour acquérir la certitude de sa guérison, ce jeune et intéressant malade suivit encore pendant une année un régime hygiénique et alimentaire approprié. Le 14 mai 1829, et après neuf ans d'absence, il fut rendu à sa famille qui, pendant longues années, avait perdu l'espérance de le revoir.

ERRATUM.

10ᵉ tableau, page 21, à la note,
Au lieu de : 1ᵉʳ janvier 1835 au 1ᵉʳ janvier 1818,
Lisez : du 1ᵉʳ janvier 1818 au 1ᵉʳ janvier 1838.